Insectos
Un libro de comparaciones y contrastes
AF228338
por Aszya Summers

Muchas personas piensan que tienes que viajar a lugares lejanos para observar animales maravillosos. Pero, ¿sabías que una de las especies de animales más diversas vive en tu propio jardín?

Aunque no lo creas, hay más insectos que cualquier otro grupo de animales. De hecho, entre un 70% y 90% de las especies de animales conocidas por los seres humanos son insectos.

Los insectos, al igual que los cangrejos y las arañas, son artrópodos. A diferencia de los mamíferos, aves, anfibios o reptiles, los artrópodos no tienen columna vertebral. Pueden tener un caparazón externo y duro (exoesqueleto), un cuerpo separado en partes (segmentos) y pares de patas que se doblan (articulados).

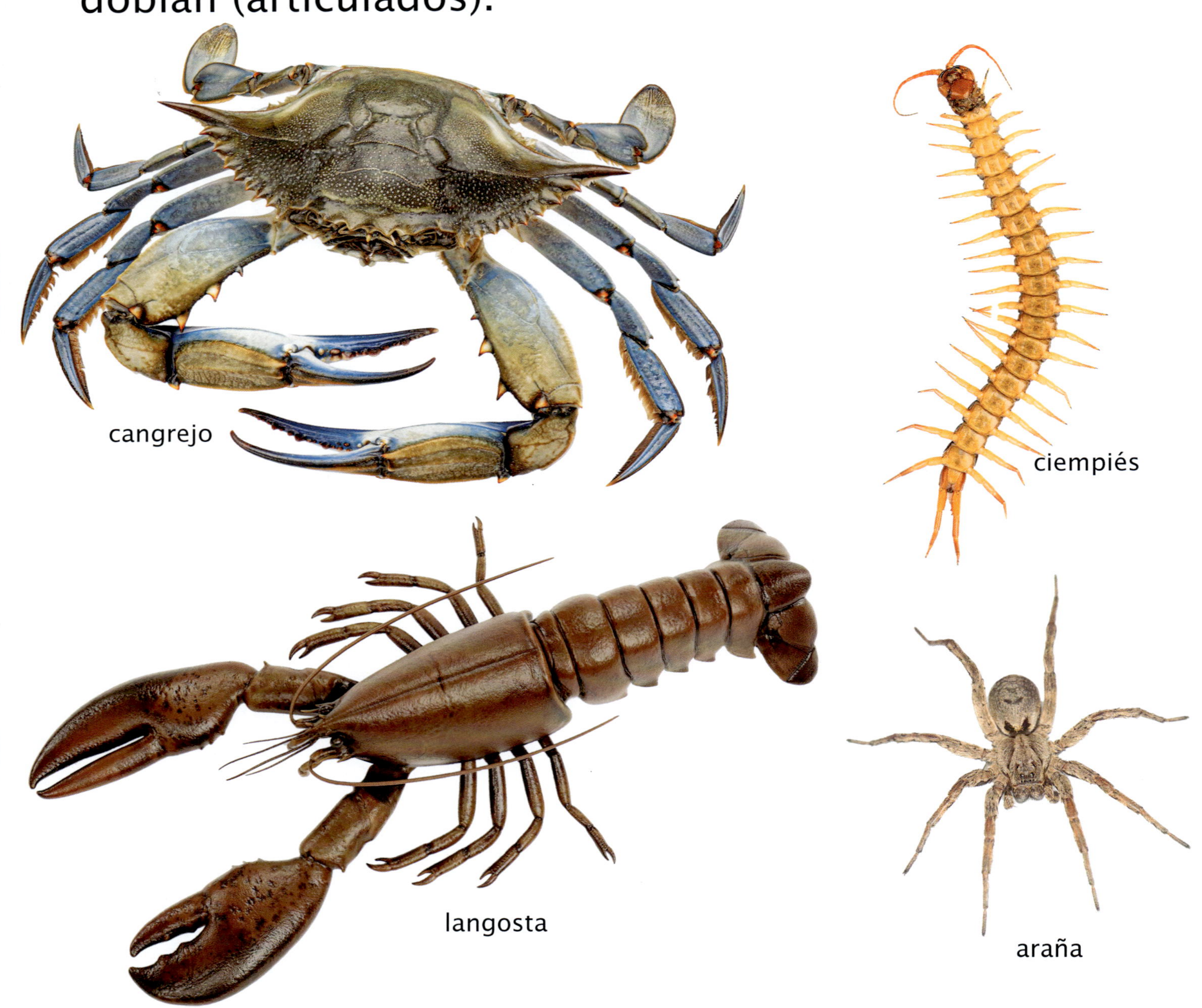

cangrejo

ciempiés

langosta

araña

insectos

A diferencia de otros artrópodos, todos los insectos tienen seis patas y tres segmentos en su cuerpo. Cada insecto, desde las mariposas hasta los escarabajos, siguen un plan corporal.

El abdomen tiene el estómago y otros órganos de los insectos.

La antena y otros órganos sensitivos son parte de la cabeza.

Las alas (en caso de tener) y las patas están pegadas al tórax

¿Puedes encontrar dichas
partes del cuerpo en
estos insectos?

El grupo más grande de insectos es el de los coleópteros. Los coleópteros tienen dos pares de alas: unas alas suaves, internas y plegables, y unas alas externas y rígidas que mantienen a salvo sus alas voladoras.

Es fácil ver ambos pares de alas en las mariquitas.

Algunos coleópteros tienen formas extravagantes, tal y como este gorgojo jirafa. Estos usan sus largos cuellos para enrollar hojas con el objetivo de proteger sus huevos.

La mayoría de las personas saben que las abejas y las avispas están relacionadas, ¿pero sabías que ambas también están muy relacionadas con las hormigas?

La forma más sencilla de identificarlas como parte de este grupo es mirando sus "cinturas" delgadas, ubicadas entre el abdomen y el tórax.

Otra característica que agrupa a estos animales es que toman decisiones por el bien de toda su comunidad. Una reina lidera el grupo.

Las mariposas y polillas son insectos muy conocidos (y queridos).

Ambas tienen dos pares de alas largas para volar, y una boca larga y delgada llamada "probóscide", la cual utilizan para beber líquidos, tal y como el néctar de las flores.

En general, las mariposas son de colores brillantes y salen durante el día.

Las polillas comúnmente salen en la noche y son de colores monótonos.

Pero este no siempre es el caso. Esta hermosa mariposa luna es común en el este de los EE.UU.

mariposa

La mejor forma de diferenciar una mariposa de una polilla es mirar de cerca su antena. Las mariposas tienen antenas largas y apaleadas. Algunas tienen una pequeña bola en la punta. Las polillas tienen antenas ramificadas, parecidas a un peine.

Otro grupo de insectos muy popular incluye a las libélulas y caballitos del diablo. Ambos insectos cazan y se alimentan de otros insectos.

Ambos tienen dos pares de alas transparentes.

Las libélulas tienen un abdomen corto y grueso. Sus alas traseras son generalmente más completas que sus alas delanteras. Estas descansan con las alas abiertas.

Los caballitos del diablo
tienen un abdomen largo y
delgado. Sus alas son más o
menos del mismo tamaño y
forma. Estas se sientan con
sus alas cerradas.

Alguna vez has estado afuera en una cálida noche de verano y escuchado un gorjeo en los alrededores? Probablemente estabas escuchando a unos grillos o saltamontes. Ambos hacen ese sonido frotando sus patas o alas para comunicarse entre sí. También usan sus patas fuertes e inclinadas para saltar.

Los grillos usualmente están activos durante las noches.

Los saltamontes son avistados
seguidamente dando saltos
durante el día.

¿Alguna vez has visto un palo caminando? Fieles a su nombre, los insectos palo lucen tal y como una rama a modo de camuflaje.

Aunque no todos los miembros de este grupo lucen como palos. El insecto hoja luce como una hoja en lugar de un palo a modo de camuflaje.

A diferencia de los insectos palo que comen plantas, los mántidos son depredadores. ¡Algunos son conocidos incluso por comer aves o reptiles pequeños!

El insecto más famoso de este grupo es la mantis religiosa.

Los mántidos tampoco
están fuera del
juego del camuflaje.
Aunque muchos
son de diferentes
tonos de verde, esta
mantis orquídea luce
como una flor para
sorprender y capturar
a sus presas.

mantis comiendo un saltamontes

mosca
cucaracha
pulga

Algunos insectos incluso entran a tu casa. Las moscas y cucarachas pueden encontrarse en muchas casas. Las pulgas algunas veces molestan a las mascotas, causándoles picor.

Aunque la mayoría de los insectos son inofensivos, los mosquitos pueden causar enfermedades que afectan a los humanos. Afortunadamente nos podemos proteger usando repelentes.

mosquito

Como puedes ver, existe una gran variedad de vida salvaje alrededor de nosotros. Los insectos puede que sean pequeños, pero son muy poderosos.

¿Cuál es tu insecto favorito? ¿Qué insectos te emociona encontrar y observar en el jardín de tu casa?

Para las mentes creativas

Esta sección puede ser fotocopiada o impresa desde nuestra página web por el propietario de este libro, siempre y cuando tenga propósitos educacionales y no comerciales. Visita **ArbordalePublishing.com** para explorar todos los recursos de apoyo de este libro.

Une los insectos "primos"

Utilizando lo que has aprendido leyendo el libro, une a los insectos "primos" entre sí. Los insectos mostrados no están a la escala de su tamaño.

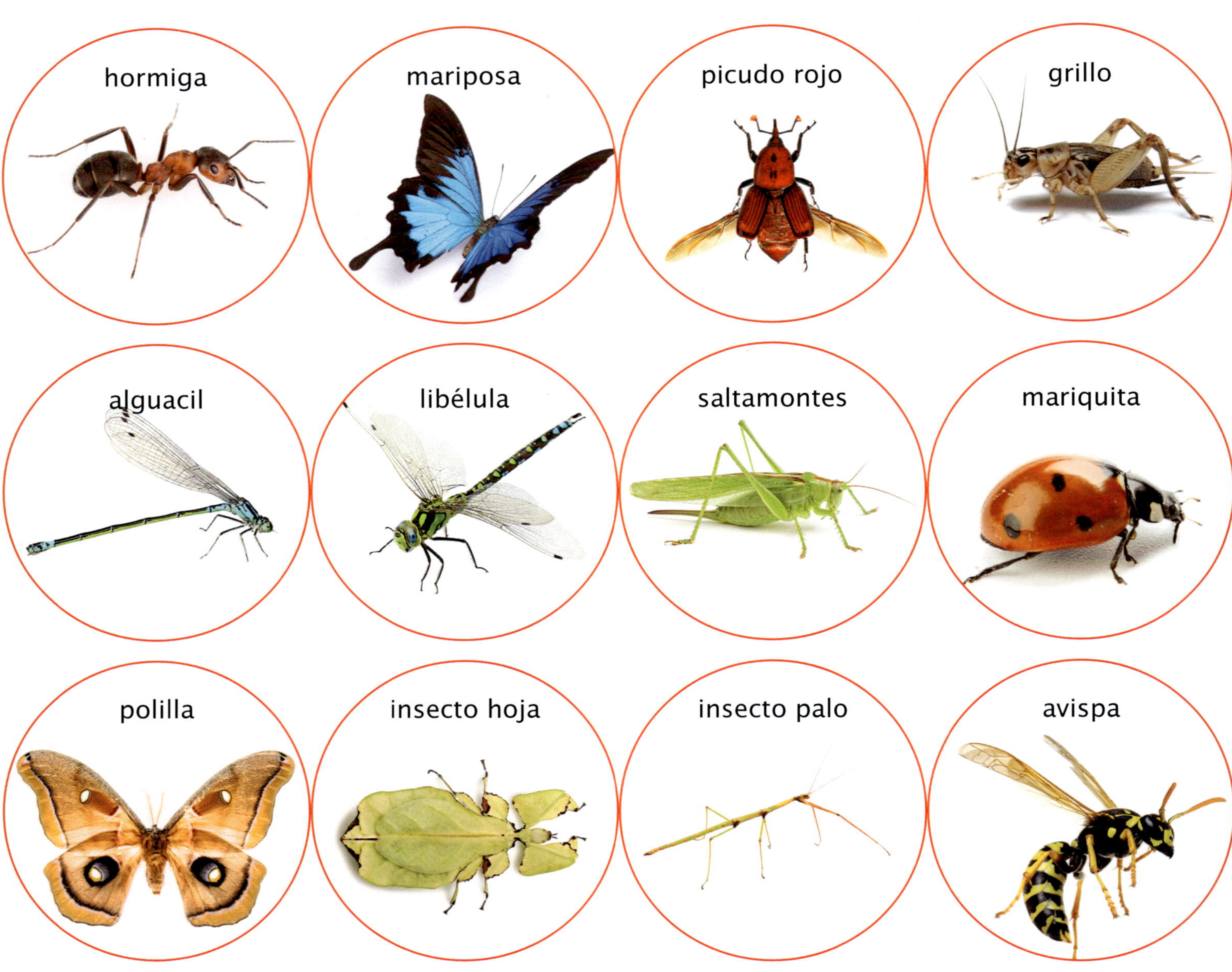

Respuestas: hormiga/avispa picudo rojo/mariquita, mariposa/polilla, grillo/saltamontes, alguacil/libélula, insecto hoja/insecto palop

Búsqueda del tesoro de los insectos

Puede que sean pequeños y rápidos, pero los insectos dejan rastros en todos lados.

¡Trata de encontrar la mayor cantidad de rastros de insectos en tu zona! Intenta buscar en momentos diferentes del día, o en distintas estaciones a lo largo del año.

Esta página puede ser fotocopiada o impresa desde **www.ArbordalePublishing.com** para registrar los descubrimientos de insectos. Deja que los niños registren las fechas, momentos del día o incluso la estación.

Encuentra un hormiguero.

Encuentra una hoja o flor que haya sido mordisqueada.

Encuentra flores con abejas o mariposas comiendo.

Escucha un grillo o saltamontes.

Encuentra insectos debajo de una roca o tronco.

Encuentra agujeros en cortezas de árboles.

Encuentra insectos dentro de la tierra.

Encuentra una picadura de mosquito.

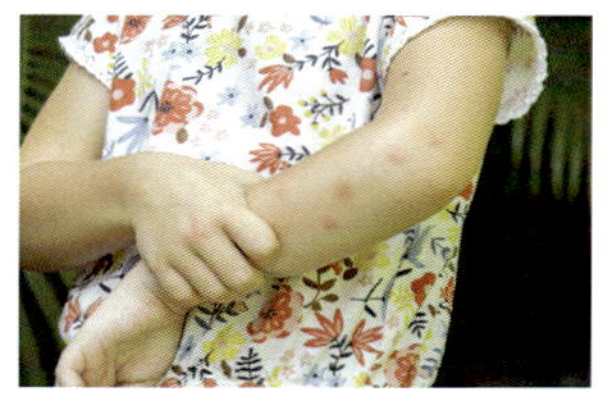

Encuentra el caparazón de una cigarra o escúchalas.

Encuentra una mariquita.

Encuentra un panal de abejas o avispas (pero no lo toques).

Enciende una luz afuera durante la noche para ver qué insectos se acercan.

Ciclos de vida de los insectos

Dependiendo del tipo de insecto, este puede atravesar un cambio completo, llamado metamorfosis, o pasar por una metamorfosis incompleta o gradual.

- Un insecto que pasa por una metamorfosis completa comienza su vida cuando sale del huevo hacia su forma de larva, la cual no luce en nada a cómo se verá el insecto en su adultez.
- La larva come y crece. En algunos casos, la larva agrega segmentos del cuerpo y pasa por cambios corporales ("instar"). Mientras pasa por el nivel "instar", esta muda su piel externa (exoesqueleto) con una nueva que crece desde adentro. El paso de una larva por el nivel "instar", o la cantidad de niveles, dependen del tipo de insecto.
- Al final de la etapa de larva, esta se transforma en pupa.
- Mientras está dentro de la pupa el cuerpo del insecto está cambiando para que cuando salga de la primera sea un insecto adulto.

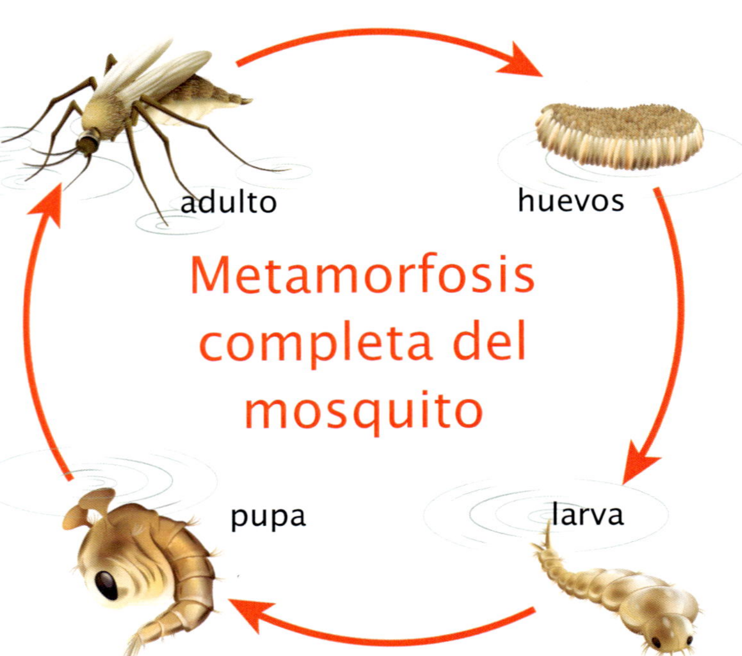

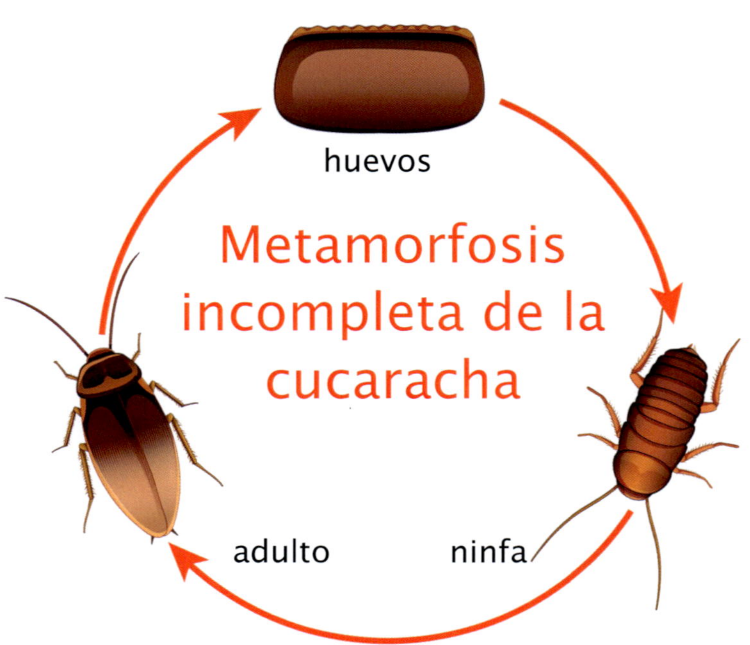

- Un insecto que pasa por una metamorfosis incompleta o gradual nace de un huevo hacia una forma de ninfa que luce como una versión en miniatura del insecto adulto, aunque no tiene alas.
- Mientras la ninfa crece, esta muda su exoesqueleto y le crece uno nuevo que es más grande. Una ninfa muda varias veces.
- Par el momento en que ha finalizado su proceso de muda y crecimiento, al insecto le habrán crecido sus alas y ya será adulto.

¿Metamorfosis completa o incompleta?

Con base en lo que has aprendido en la página anterior, comprueba si puedes determinar si el insecto pasa por una metamorfosis completa o incompleta/gradual durante su ciclo de vida.

muda de la oruga del Atlas (larva)

larva de escarabajo

muda de ninfa de cigarra

ninfa grillo muda

ninfa de libélula

orugas de polilla esponjosa
(larvas)

Oruga cola de golondrina
(larva)

¿Sabías que una pupa de mariposa se llama crisálida?
¿Y una pupa de polilla se llama capullo?

Respuestas: Completa: oruga/mariposa del Atlas, escarabajo, oruga/mariposa cola de golondrina, oruga/mariposa de polilla esponjosa Incompleta: cigarra, grillo, libélula

Gracias a Ian McAreavy, el Principal Especialista en Entomología del Museo de Vida y Ciencia, por la revisión de la exactitud de este libro.

Todas las fotografías son licenciadas mediante Adobe Stock Photos o Shutterstock.

Library of Congress Cataloging-in-Publication Data

Names: Summers, Aszya, 1992- author.
Title: Insectos : un libro de comparaciones y contrastes / por Aszya
    Summers ; traducido por Alejandra de la Torre y Javier Camacho Miranda.
Other titles: Insects. Spanish
Description: Mt. Pleasant, SC : Arbordale Publishing, [2024] | Series:
    Comparaciones y contrastes | Includes bibliographical references.
Identifiers: LCCN 2023056604 (print) | LCCN 2023056605 (ebook) | ISBN
    9781638173113 (trade paperback) | ISBN 9781638170112 (ebook) | ISBN
    9781638173175 (adobe pdf) | ISBN 9781638173205 (epub)
Subjects: LCSH: Insects--Juvenile literature.
Classification: LCC QL467.2 .S85618 2023 (print) | LCC QL467.2 (ebook) |
    DDC 595.7--dc23/eng/20240110

Este libro también está disponible en inglés
Insects: A Compare and Contrast Book
English Paperback   9781643519920
Una lectura bilingüe ISBN 9781638170112 está disponible en línea en www.fathomreads.com
PDF   9781638170303
ePub3 9781638170495

Bibliografía:

"Dragonfly and Damselfly | San Diego Zoo Animals & Plants." Animals.sandiegozoo.org, animals.sandiegozoo.org/animals/dragonfly-and-damselfly.
Institution, Smithsonian. "BugInfo." Smithsonian Institution, www.si.edu/spotlight/buginfo.
National Geographic. "Spiders, Facts and Information." Animals, 29 Jan. 2019, www.nationalgeographic.com/animals/invertebrates/facts/spiders.

Impreso en EE. UU.
Este producto se ajusta al CPSIA 2008

Arbordale Publishing
Mt. Pleasant, SC 29464
www.ArbordalePublishing.com